JIANGXI PROVINCE WATER RESOURCES BULLETIN

# 江西省水资源公报
## 2021

江西省水利厅　编

中国水利水电出版社
www.waterpub.com.cn
·北京·

**图书在版编目（CIP）数据**

江西省水资源公报. 2021 / 江西省水利厅编. -- 北京：中国水利水电出版社，2022.8
ISBN 978-7-5226-0698-9

Ⅰ. ①江… Ⅱ. ①江… Ⅲ. ①水资源－公报－江西－2021 Ⅳ. ①TV211

中国版本图书馆CIP数据核字(2022)第079861号

审图号：赣 S（2022）041 号

| 书　　　名 | 江西省水资源公报 2021<br>JIANGXI SHENG SHUIZIYUAN GONGBAO 2021 |
|---|---|
| 作　　　者 | 江西省水利厅 编 |
| 出 版 发 行 | 中国水利水电出版社<br>（北京市海淀区玉渊潭南路 1 号 D 座　100038）<br>网址：www.waterpub.com.cn<br>E-mail：sales@mwr.gov.cn<br>电话：（010）68545888（营销中心） |
| 经　　　售 | 北京科水图书销售有限公司<br>电话：（010）68545874、63202643<br>全国各地新华书店和相关出版物销售网点 |
| 排　　　版 | 中国水利水电出版社装帧出版部 |
| 印　　　刷 | 北京市密东印刷有限公司 |
| 规　　　格 | 210mm×285mm　16 开本　2.5 印张　55 千字 |
| 版　　　次 | 2022 年 8 月第 1 版　2022 年 8 月第 1 次印刷 |
| 定　　　价 | 48.00 元 |

1.《江西省水资源公报2021》（以下简称《公报》）中涉及的数据来源于经济社会发展统计与实时监测统计的分析成果。

2.《公报》中用水总量是按《用水统计调查制度（试行）》的要求进行数据统计，根据《用水总量核算工作实施方案（试行）》进行用水量核算。

3.《公报》中多年平均值统一采用1956—2016年水文系列平均值。

4.《公报》中部分数据合计数由于单位取舍不同而产生的计算误差，未作调整。

5.《公报》中长江干流城陵矶至湖口右岸区是指九江市濂溪区、浔阳区、柴桑区、武宁县、瑞昌市、庐山市所在的赤湖四级水资源分区；长江干流湖口以下右岸区是指九江市湖口县、彭泽县所在的彭泽区四级水资源分区；洞庭湖水系是指萍乡市芦溪县、莲花县、安源区、湘东区、上栗县，宜春市袁州区、万载县所在的大西滩上游四级水资源分区，以及九江市修水县所在的汨水四级水资源分区；钱塘江是指上饶市广丰区、玉山县所在的富春江水库上游四级水资源分区；北江是指赣州市信丰县、崇义县所在的浈水四级水资源分区；东江是指赣州市寻乌县、安远县、定南县所在的东江上游四级水资源分区；韩江及粤东诸河是指赣州市寻乌县所在的汀江及梅江四级水资源分区。

6.《公报》中涉及的定义如下：

（1）**地表水资源量**：指河流、湖泊、冰川等地表水体逐年更新的动态水量，即当地天然河川径流量。

（2）**地下水资源量**：指地下饱和含水层逐年更新的动态水量，即降水和地表水入渗对地下水的补给量。

（3）**水资源总量：**指当地降水形成的地表和地下产水总量，即地表产流量与降水入渗补给地下水量之和。

（4）**供水量：**指各种水源提供的包括输水损失在内的水量之和，分地表水源、地下水源和其他水源。地表水源供水量指地表水工程的取水量，按蓄水工程、引水工程、提水工程、调水工程四种形式统计；地下水源供水量指水井工程的开采量，按浅层淡水、深层承压水和微咸水分别统计；其他水源供水量包括再生水厂、集雨工程、海水淡化设施供水量及矿坑水利用量。

（5）**用水量：**指各类河道外用水户取用的包括输水损失在内的毛水量之和，按生活用水、工业用水、农业用水和人工生态环境补水四大类用户统计，不包括海水直接利用量以及水力发电、航运等河道内用水量。生活用水，包括城镇生活用水和农村生活用水，其中，城镇生活用水由城镇居民生活用水和公共用水（含第三产业及建筑业等用水）组成；农村生活用水指农村居民生活用水。工业用水，指工矿企业在生产过程中用于制造、加工、冷却、空调、净化、洗涤等方面的用水，按新水取用量计，不包括企业内部的重复利用水量。农业用水，包括耕地和林地、园地、牧草地灌溉，鱼塘补水及牲畜用水。人工生态环境补水仅包括人为措施供给的城镇环境用水和部分河湖、湿地补水，而不包括降水、径流自然满足的水量。

（6）**耗水量：**指在输水、用水过程中，通过蒸腾蒸发、土壤吸收、产品吸附、居民和牲畜饮用等多种途径消耗掉，而不能回归到地表水体和地下含水层的水量。

（7）**耗水率：**指用水消耗量占用水量的百分比。

（8）**农田灌溉水有效利用系数：**指在某次或某一时间内被农作物利用的净灌溉水量与水源渠首处总灌溉引水量的比值。

7.《公报》由江西省水利厅组织编制，参加编制的单位包括江西省水文监测中心、江西省灌溉试验中心站、江西省各流域水文水资源监测中心。

# 目 录

contents

# 一、概述

江西省位于长江中下游南岸，国土面积为 166948km²。全省多年平均年降水量为 1646mm；多年平均水资源总量为 1569 亿 m³。《公报》按水资源分区和行政分区分别分析 2021 年度江西省水资源及其开发利用情况。

## （一）水资源量

2021 年，全省平均年降水量为 1587mm，比多年平均值少 3.6%。全省地表水资源量为 1400.56 亿 m³，比多年平均值少 9.8%。地下水资源量为 332.02 亿 m³（其中与地表水资源量不重复计算量为 19.17 亿 m³），比多年平均值少 12.3%。水资源总量为 1419.73 亿 m³，比多年平均值少 9.5%。

## （二）蓄水动态

2021 年年末，全省 33 座大型水库、262 座中型水库蓄水总量为 118.90 亿 m³，比年初增加 3.41 亿 m³，年均蓄水量为 121.59 亿 m³。

## （三）水资源开发利用

2021 年，全省供水总量为 249.36 亿 m³，占全年水资源总量的 17.6%。其中：地表水源供水量为 241.90 亿 m³，地下水源供水量为 4.95 亿 m³，其他水源供水量为 2.51 亿 m³。全省总用水量为 249.36 亿 m³，其中：农业用水占 67.1%，工业用水占 19.5%，居民生活用水占 8.6%，城镇公共用水占 3.0%，生态环境用水占 1.8%。

全省人均综合用水量为 552m³，万元国内生产总值（当年价）用水量为 84m³，万元工业增加值（当年价）用水量为 45m³，耕地实际灌溉亩均用水量为 611m³，农田灌溉水有效利用系数为 0.520，林地灌溉亩均用水量为 175m³，园地灌溉亩均用水量为 187m³，鱼塘补水亩均用水量为 262m³，城镇人均生活用水量（含公共用水）为 222L/d，农村居民人均生活用水量为 99L/d。

# 二、水资源量

## （一）降水量

2021 年江西省平均年降水量[1]为 1587mm，折合降水总量为 2650.21 亿 m³。在空间分布上，江西省降水高值区位于饶河上游怀玉山山区，降水低值区位于赣中南盆地。2021 年江西省年降水量等值线见图 1；2021 年江西省年降水量距平[2]见图 2。在时间分布上，江西省降水时间分布不均，主要集中在 5—6 月，5 月降水量、6 月降水量分别占全年降水总量的 25.1%、14.9%。2021 年江西省月降水量变化见图 3。2021 年全省年降水量比 2020 年少 14.3%，比多年平均值少 3.6%，为平水年份。1956—2021 年江西省年降水量变化见图 4。

从行政分区看，年降水量最大的是景德镇市，为 2084mm；最小的是赣州市，为 1297mm。与 2020 年比较，各设区市降水均减少，其中以萍乡市减少 21.1% 为最大。与多年平均值比较，除南昌市降水增多 3.0%、景德镇市降水增多 14.8%、九江市降水增多 3.0%、上饶市降水增多 15.4% 以外，其余设区市降水量减少，其中以赣州市减少 18.5% 为最大。2021 年江西省行政分区年降水量见表 1。

---

[1] 2021 年江西省平均年降水量依据 1085 个雨量站观测资料评价。

[2] 年降水量距平指当年降水量与多年平均值的差值除以多年平均值（％）。

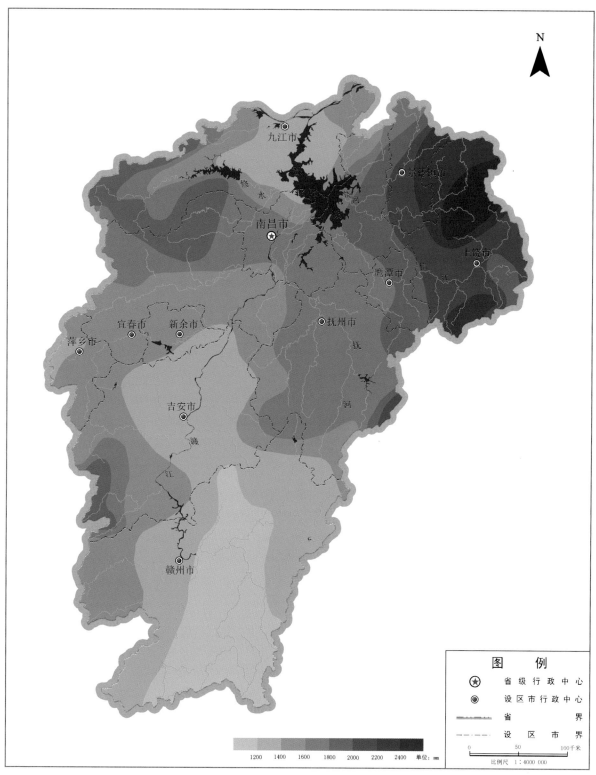

图1 2021年江西省年降水量等值线图

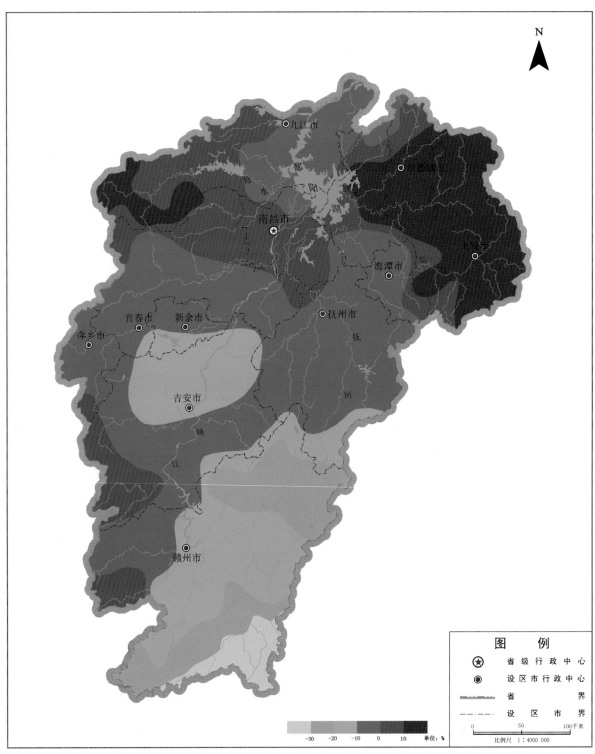

图 2　2021 年江西省年降水量距平图

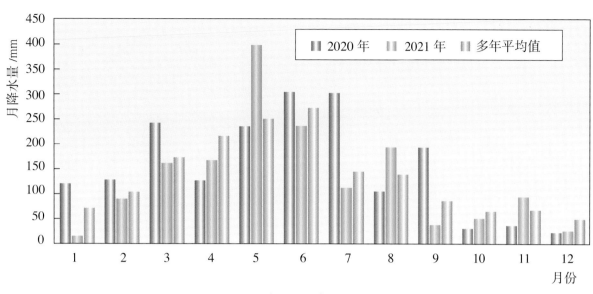

图3　2021年江西省月降水量变化图

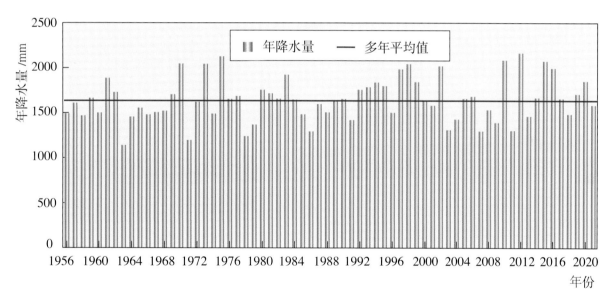

图4　1956—2021年江西省年降水量变化图

从水资源分区看，2021年，年降水量最大的是饶河，为2176mm；最小的是东江，为1116mm。与2020年比较，除钱塘江年降水量增多3.6%外，其余分区年降水量均减少，其中以韩江及粤东诸河减少27.3%为最大。与多年平均值比较，信江、饶河、修水、鄱阳湖环湖区、长江干流城陵矶至湖口右岸区、长江干流湖口以下右岸区、钱塘江年降水量增多，其中以饶河增多17.5%为最大；其余分区年降水量减少，其中以东江减少31.1%为最大。2021年江西省水资源分区年降水量见表2。

表1　2021年江西省行政分区年降水量

| 行政分区 | 计算面积/km² | 2021年降水量/mm | 2020年降水量/mm | 与2020年比较/% | 与多年平均值比较/% |
|---|---|---|---|---|---|
| 南昌市 | 7403 | 1619 | 1943 | −16.7 | 3.0 |
| 景德镇市 | 5248 | 2084 | 2368 | −12.0 | 14.8 |
| 萍乡市 | 3827 | 1477 | 1871 | −21.1 | −7.7 |
| 九江市 | 18823 | 1554 | 1954 | −20.5 | 3.0 |
| 新余市 | 3164 | 1445 | 1799 | −19.7 | −9.3 |
| 鹰潭市 | 3554 | 1795 | 2054 | −12.6 | −4.8 |
| 赣州市 | 39380 | 1297 | 1501 | −13.6 | −18.5 |
| 吉安市 | 25271 | 1435 | 1694 | −15.3 | −8.4 |
| 宜春市 | 18670 | 1637 | 2030 | −19.4 | −1.9 |
| 抚州市 | 18817 | 1666 | 1919 | −13.2 | −5.5 |
| 上饶市 | 22791 | 2063 | 2181 | −5.4 | 15.4 |
| 全省 | 166948 | 1587 | 1853 | −14.3 | −3.6 |

## （二）地表水资源量

2021年江西省地表水资源量为1400.56亿 m³，折合年径流深为839mm，比2020年少16.0%，比多年平均值少9.8%。

从行政分区看，与2020年比较，各设区市地表水资源量均减少，其中以赣州市减少27.9%为最大。与多年平均值比较，新余市、鹰潭市、赣州市、吉安市、抚州市地表水资源量减少，其中以赣州市减少46.4%为最大；其余设区市地表水资源量增多，

表 2  2021 年江西省水资源分区年降水量

| | 水资源分区 | 计算面积/km² | 2021年降水量/mm | 2020年降水量/mm | 与2020年比较/% | 与多年平均值比较/% |
|---|---|---|---|---|---|---|
| 长江流域 | 赣江上游（栋背以上） | 38949 | 1342 | 1504 | −10.8 | −15.3 |
| | 赣江中游（栋背至峡江） | 22493 | 1430 | 1735 | −17.6 | −9.6 |
| | 赣江下游（峡江至外洲） | 18224 | 1533 | 1920 | −20.2 | −5.4 |
| | 赣江（小计） | 79666 | 1410 | 1664 | −15.3 | −11.4 |
| | 抚河（李家渡以上） | 15788 | 1655 | 1914 | −13.5 | −5.7 |
| | 信江（梅港以上） | 14516 | 2028 | 2120 | −4.3 | 8.2 |
| | 饶河（石镇街、古县渡以上） | 12044 | 2176 | 2398 | −9.3 | 17.5 |
| | 修水（永修以上） | 14539 | 1735 | 2069 | −16.1 | 5.5 |
| | 鄱阳湖环湖区 | 20190 | 1581 | 1939 | −18.4 | 2.6 |
| | 鄱阳湖水系（小计） | 156743 | 1603 | 1861 | −13.9 | −3.0 |
| | 长江干流城陵矶至湖口右岸区 | 2377 | 1456 | 1830 | −20.5 | 1.7 |
| | 长江干流湖口以下右岸区 | 1439 | 1467 | 1998 | −26.6 | 3.7 |
| | 洞庭湖水系 | 2584 | 1481 | 1911 | −22.5 | −7.5 |
| | 长江流域（小计） | 163143 | 1598 | 1862 | −14.2 | −3.0 |
| 东南诸河 | 钱塘江 | 97 | 1977 | 1907 | 3.6 | 9.9 |
| 珠江流域 | 北 江 | 38 | 1181 | 1368 | −13.7 | −21.8 |
| | 东 江 | 3524 | 1116 | 1436 | −22.3 | −31.1 |
| | 韩江及粤东诸河 | 146 | 1171 | 1610 | −27.3 | −29.5 |
| | 珠江流域（小计） | 3708 | 1119 | 1442 | −22.4 | −30.9 |
| 全 省 | | 166948 | 1587 | 1853 | −14.3 | −3.6 |

其中以南昌市增多 28.1% 为最大。2021 年江西省行政分区地表水资源量见表 3、2021 年江西省行政分区地表水资源量与 2020 年和多年平均值比较见图 5。

表 3　2021 年江西省行政分区地表水资源量

| 行政分区 | 计算面积 /km² | 2021 年 地表水资源量 / 亿 m³ | 2020 年 地表水资源量 / 亿 m³ | 与 2020 年 比较 /% | 与多年平均值 比较 /% |
|---|---|---|---|---|---|
| 南昌市 | 7403 | 79.35 | 90.73 | −12.5 | 28.1 |
| 景德镇市 | 5248 | 67.26 | 81.27 | −17.2 | 27.0 |
| 萍乡市 | 3827 | 36.79 | 45.10 | −18.4 | 0.8 |
| 九江市 | 18823 | 156.96 | 195.70 | −19.8 | 6.1 |
| 新余市 | 3164 | 28.46 | 33.68 | −15.5 | −2.3 |
| 鹰潭市 | 3554 | 40.70 | 42.46 | −4.1 | −2.9 |
| 赣州市 | 39380 | 180.78 | 250.80 | −27.9 | −46.4 |
| 吉安市 | 25271 | 159.14 | 216.41 | −26.5 | −29.9 |
| 宜春市 | 18670 | 184.01 | 224.59 | −18.1 | 3.2 |
| 抚州市 | 18817 | 166.99 | 184.58 | −9.5 | −15.8 |
| 上饶市 | 22791 | 300.12 | 301.40 | −0.4 | 24.5 |
| 全　省 | 166948 | 1400.56 | 1666.72 | −16.0 | −9.8 |

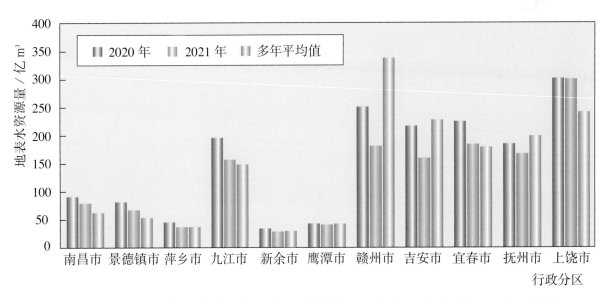

图 5　2021 年江西省行政分区地表水资源量与 2020 年和多年平均值比较图

从水资源分区看，与 2020 年比较，除信江地表水资源量增加 2.3% 以外，其余水资源分区地表水资源量减少，其中以东江减少 41.5% 为最大。与多年平均值比较，信江、饶河、修水、鄱阳湖环湖区、钱塘江地表水资源量增多，其中以鄱阳湖环湖区增多 25.9% 为最大；其余分区地表水资源量减少，其中以东江减少 58.6% 为最大。2021 年江西省水资源分区地表水资源量见表 4。

表4 2021年江西省水资源分区地表水资源量

| 水资源分区 | | 计算面积 /km² | 2021年 地表水资源量 / 亿 m³ | 2020年 地表水资源量 / 亿 m³ | 与 2020 年 比较 /% | 与多年平均值 比较 /% |
|---|---|---|---|---|---|---|
| 长江流域 | 赣江上游（栋背以上） | 38949 | 193.16 | 249.13 | −22.5 | −42.0 |
| | 赣江中游（栋背至峡江） | 22493 | 144.80 | 202.21 | −28.4 | −29.6 |
| | 赣江下游（峡江至外洲） | 18224 | 162.79 | 207.54 | −21.6 | −3.2 |
| | 赣江（小计） | 79666 | 500.75 | 658.88 | −24.0 | −29.1 |
| | 抚河（李家渡以上） | 15788 | 138.19 | 150.85 | −8.4 | −16.2 |
| | 信江（梅港以上） | 14516 | 190.08 | 185.89 | 2.3 | 8.5 |
| | 饶河（石镇街、古县渡以上） | 12044 | 161.38 | 176.35 | −8.5 | 25.3 |
| | 修水（永修以上） | 14539 | 147.49 | 166.20 | −11.3 | 10.8 |
| | 鄱阳湖环湖区 | 20190 | 199.09 | 241.24 | −17.5 | 25.9 |
| | 鄱阳湖水系（小计） | 156743 | 1336.98 | 1579.41 | −15.3 | −8.8 |
| | 长江干流城陵矶至湖口右岸区 | 2377 | 15.47 | 20.20 | −23.4 | −15.1 |
| | 长江干流湖口以下右岸区 | 1439 | 9.72 | 13.51 | −28.1 | −6.8 |
| | 洞庭湖水系 | 2584 | 23.96 | 29.84 | −19.7 | −1.7 |
| | 长江流域（小计） | 163143 | 1386.13 | 1642.96 | −15.6 | −8.8 |
| 东南诸河 | 钱塘江 | 97 | 1.25 | 1.27 | −1.6 | 14.3 |
| 珠江流域 | 北 江 | 38 | 0.16 | 0.26 | −38.5 | −53.2 |
| | 东 江 | 3524 | 12.43 | 21.26 | −41.5 | −58.6 |
| | 韩江及粤东诸河 | 146 | 0.59 | 0.97 | −39.2 | −54.0 |
| | 珠江流域（小计） | 3708 | 13.18 | 22.49 | −41.4 | −58.4 |
| 全 省 | | 166948 | 1400.56 | 1666.72 | −16.0 | −9.8 |

外省流入江西省境内的水量为 54.00 亿 m³，其中，福建省流入 10.75 亿 m³，湖南省流入 5.32 亿 m³，广东省流入 1.07 亿 m³，浙江省流入 7.87 亿 m³，安徽省流入 28.99 亿 m³。

从江西省流出的水量（不包括湖口流入长江的水量）为 59.68 亿 m³。其中，从萍乡市、宜春市流出至湖南省的水量为 18.71 亿 m³，从九江市流出至湖南省的水量为 3.07 亿 m³，从九江市流出至湖北省的水量为 2.68 亿 m³，从九江市流出至长江的水量为 21.67 亿 m³，从上饶市流出至浙江省的水量为 1.22 亿 m³，从赣州市流出至广东省的水量为 12.33 亿 m³。

2021 年湖口水文站实测从湖口流入长江的水量为 1361.00 亿 m³。2021 年江西省流入流出水量分布见图 6。

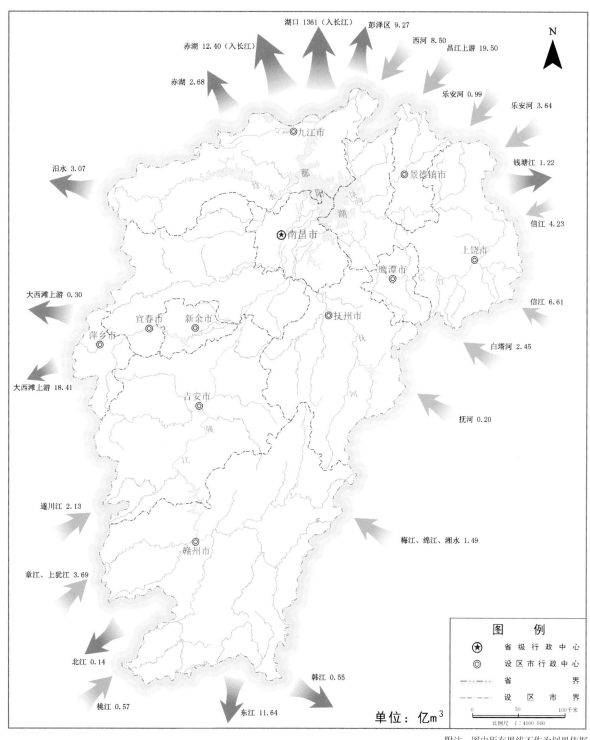

图6　2021年江西省流入流出水量分布图

## （三）地下水资源量

2021 年江西省地下水资源量为 332.02 亿 m³，比 2020 年少 14.0%，比多年平均值少 12.3%。平原区地下水资源量为 35.41 亿 m³，其中降水入渗补给量为 31.47 亿 m³，地表水体入渗补给量为 3.94 亿 m³；山丘区地下水资源量为 297.42 亿 m³；平原区与山丘区地下水资源重复计算量为 0.81 亿 m³。2021 年江西省地下水资源量组成见图 7。

图 7  2021 年江西省地下水资源量组成图

## （四）水资源总量

2021 年江西省水资源总量为 1419.73 亿 m³，比 2020 年少 15.8%，比多年平均值少 9.5%。地下水资源与地表水资源不重复量为 19.17 亿 m³。全省水资源总量占降水总量的 53.6%，单位面积产水量为 85.04 万 m³/km²。2021 年江西省行政分区水资源总量见表 5，2021 年江西省水资源分区水资源总量见表 6，1956—2021 年江西省年水资源总量变化见图 8。

表 5  2021 年江西省行政分区水资源总量

| 行政分区 | 地表水资源量 / 亿 m³ | 地下水资源量 / 亿 m³ | 地下水资源与地表水资源不重复量 / 亿 m³ | 水资源总量 / 亿 m³ | 与2020年比较 /% | 与多年平均值比较 /% |
|---|---|---|---|---|---|---|
| 南昌市 | 79.35 | 14.71 | 4.08 | 83.43 | −11.8 | 26.6 |
| 景德镇市 | 67.26 | 13.06 | 0 | 67.26 | −17.2 | 27.0 |
| 萍乡市 | 36.79 | 7.58 | 0 | 36.79 | −18.4 | 0.8 |
| 九江市 | 156.96 | 33.18 | 4.86 | 161.82 | −19.3 | 5.6 |
| 新余市 | 28.46 | 4.32 | 0 | 28.46 | −15.5 | −2.3 |
| 鹰潭市 | 40.70 | 9.42 | 0.10 | 40.80 | −4.2 | −2.8 |
| 赣州市 | 180.78 | 66.65 | 0 | 180.78 | −27.9 | −46.4 |
| 吉安市 | 159.14 | 43.45 | 0 | 159.14 | −26.5 | −29.9 |
| 宜春市 | 184.01 | 32.44 | 3.41 | 187.42 | −17.8 | 3.7 |
| 抚州市 | 166.99 | 46.06 | 0.02 | 167.01 | −9.5 | −15.8 |
| 上饶市 | 300.12 | 61.15 | 6.70 | 306.82 | −0.4 | 25.0 |
| 全　省 | 1400.56 | 332.02 | 19.17 | 1419.73 | −15.8 | −9.5 |

表6　2021年江西省水资源分区水资源总量

| 水资源分区 | | 地表水资源量/亿m³ | 地下水资源量/亿m³ | 地下水资源与地表水资源不重复量/亿m³ | 水资源总量/亿m³ | 与2020年比较/% | 与多年平均值比较/% |
|---|---|---|---|---|---|---|---|
| 长江流域 | 赣江上游（栋背以上） | 193.16 | 68.53 | 0 | 193.16 | −22.5 | −42.0 |
| | 赣江中游（栋背至峡江） | 144.80 | 38.98 | 0 | 144.80 | −28.4 | −29.6 |
| | 赣江下游（峡江至外洲） | 162.79 | 25.33 | 0 | 162.79 | −21.6 | −3.2 |
| | 赣江（小计） | 500.75 | 132.84 | 0 | 500.75 | −24.0 | −29.1 |
| | 抚河（李家渡以上） | 138.19 | 38.14 | 0 | 138.19 | −8.4 | −16.2 |
| | 信江（梅港以上） | 190.08 | 42.31 | 0 | 190.08 | 2.3 | 8.5 |
| | 饶河（石镇街、古县渡以上） | 161.38 | 34.29 | 0 | 161.38 | −8.5 | 25.3 |
| | 修水（永修以上） | 147.49 | 34.23 | 0 | 147.49 | −11.3 | 10.8 |
| | 鄱阳湖环湖区 | 199.09 | 34.60 | 19.17 | 218.26 | −16.1 | 25.1 |
| | 鄱阳湖水系（小计） | 1336.98 | 316.41 | 19.17 | 1356.15 | −15.1 | −8.6 |
| | 长江干流城陵矶至湖口右岸区 | 15.47 | 3.32 | 0 | 15.47 | −23.4 | −15.1 |
| | 长江干流湖口以下右岸区 | 9.72 | 1.70 | 0 | 9.72 | −28.1 | −6.8 |
| | 洞庭湖水系 | 23.96 | 4.10 | 0 | 23.96 | −19.7 | −1.7 |
| | 长江流域（小计） | 1386.13 | 325.53 | 19.17 | 1405.30 | −15.4 | −8.5 |
| 东南诸河 | 钱塘江 | 1.25 | 0.27 | 0 | 1.25 | −1.6 | 13.6 |
| 珠江流域 | 北江 | 0.16 | 0.07 | 0 | 0.16 | −38.5 | −51.5 |
| | 东江 | 12.43 | 5.89 | 0 | 12.43 | −41.5 | −58.7 |
| | 韩江及粤东诸河 | 0.59 | 0.26 | 0 | 0.59 | −39.2 | −53.9 |
| | 珠江流域（小计） | 13.18 | 6.22 | 0 | 13.18 | −41.4 | −58.4 |
| 全　省 | | 1400.56 | 332.02 | 19.17 | 1419.73 | −15.8 | −9.5 |

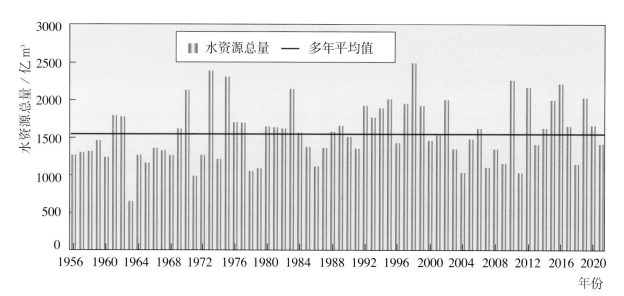

图8 1956—2021年江西省年水资源总量变化图

# 三、蓄水动态

2021年年末，江西省33座大型水库、262座中型水库的蓄水总量为118.90亿m³，比年初增加3.41亿m³，其中，大型水库年末蓄水总量为96.37亿m³，比年初增加4.09亿m³；中型水库年末蓄水总量为22.53亿m³，比年初减少0.68亿m³。2021年江西省大中型水库年均蓄水量为121.59亿m³，其中，大型水库年均蓄水量为94.71亿m³，中型水库年均蓄水量为26.88亿m³。2021年江西省行政分区大中型水库蓄水动态见表7，2021年江西省水资源分区大中型水库蓄水动态见表8。

表7  2021年江西省行政分区大中型水库蓄水动态

| 行政分区 | 大型水库 | | | | | 中型水库 | | | | |
| --- | --- | --- | --- | --- | --- | --- | --- | --- | --- | --- |
| | 水库座数/座 | 年初蓄水总量/亿m³ | 年末蓄水总量/亿m³ | 蓄水变量/亿m³ | 年均蓄水量/亿m³ | 水库座数/座 | 年初蓄水总量/亿m³ | 年末蓄水总量/亿m³ | 蓄水变量/亿m³ | 年均蓄水量/亿m³ |
| 南昌市 | 0 | 0 | 0 | 0 | 0 | 7 | 0.46 | 0.39 | −0.07 | 0.53 |
| 景德镇市 | 2 | 1.77 | 1.17 | −0.60 | 1.66 | 6 | 0.21 | 0.26 | 0.05 | 0.31 |
| 萍乡市 | 1 | 0.80 | 0.74 | −0.06 | 0.78 | 7 | 0.27 | 0.37 | 0.10 | 0.47 |
| 九江市 | 2 | 46.59 | 48.08 | 1.49 | 47.95 | 27 | 2.86 | 3.21 | 0.35 | 3.57 |
| 新余市 | 1 | 2.62 | 3.03 | 0.41 | 2.79 | 6 | 0.25 | 0.14 | −0.12 | 0.25 |
| 鹰潭市 | 1 | 0.43 | 0.44 | 0.01 | 0.43 | 10 | 0.67 | 0.65 | −0.03 | 0.82 |
| 赣州市 | 5 | 6.57 | 8.81 | 2.25 | 8.38 | 48 | 5.93 | 5.90 | −0.03 | 6.08 |
| 吉安市 | 9 | 21.96 | 22.69 | 0.73 | 20.46 | 40 | 2.92 | 2.56 | −0.36 | 3.12 |
| 宜春市 | 5 | 1.45 | 1.64 | 0.19 | 2.07 | 44 | 3.29 | 2.69 | −0.60 | 3.83 |
| 抚州市 | 2 | 5.04 | 4.91 | −0.13 | 4.55 | 28 | 3.03 | 2.94 | −0.09 | 3.47 |
| 上饶市 | 5 | 5.06 | 4.86 | −0.20 | 5.63 | 39 | 3.32 | 3.42 | 0.10 | 4.44 |
| 全　省 | 33 | 92.28 | 96.37 | 4.09 | 94.71 | 262 | 23.21 | 22.53 | −0.68 | 26.88 |

注　1.水库座数以水库下闸蓄水为标准统计。
　　2.年均蓄水量采用各月月末蓄水量的均值。
　　3.蓄水变量＝年末蓄水总量−年初蓄水总量。
　　4.增加了两座中型水库：萍乡市莲花县寒山水库、赣州市信丰县五洋水电站。

表 8　2021 年江西省水资源分区大中型水库蓄水动态

| 水资源分区 | | 大型水库 | | | | | 中型水库 | | | | |
|---|---|---|---|---|---|---|---|---|---|---|---|
| | | 水库座数/座 | 年初蓄水总量/亿m³ | 年末蓄水总量/亿m³ | 蓄水变量/亿m³ | 年均蓄水量/亿m³ | 水库座数/座 | 年初蓄水总量/亿m³ | 年末蓄水总量/亿m³ | 蓄水变量/亿m³ | 年均蓄水量/亿m³ |
| 长江流域 | 赣江上游（栋背以上） | 6 | 17.07 | 19.51 | 2.45 | 16.98 | 43 | 5.12 | 5.22 | 0.11 | 5.26 |
| | 赣江中游（栋背至峡江） | 7 | 9.77 | 10.84 | 1.07 | 10.21 | 39 | 2.66 | 2.41 | −0.25 | 2.92 |
| | 赣江下游（峡江至外洲） | 5 | 5.43 | 5.80 | 0.37 | 6.05 | 41 | 2.50 | 1.85 | −0.65 | 2.76 |
| | 赣江（小计） | 18 | 32.27 | 36.16 | 3.89 | 33.25 | 123 | 10.28 | 9.48 | −0.79 | 10.95 |
| | 抚河（李家渡以上） | 2 | 5.04 | 4.91 | −0.13 | 4.55 | 20 | 2.03 | 2.10 | 0.08 | 2.37 |
| | 信江（梅港以上） | 4 | 4.19 | 4.32 | 0.13 | 4.70 | 34 | 3.25 | 3.28 | 0.03 | 4.31 |
| | 饶河（石镇街、古县渡以上） | 3 | 2.26 | 1.53 | −0.72 | 2.19 | 14 | 0.76 | 0.92 | 0.15 | 1.20 |
| | 修水（永修以上） | 3 | 47.10 | 48.49 | 1.39 | 48.56 | 17 | 2.32 | 2.98 | 0.67 | 3.22 |
| | 鄱阳湖环湖区 | 3 | 1.43 | 0.95 | −0.47 | 1.48 | 35 | 2.79 | 1.99 | −0.79 | 2.87 |
| | 鄱阳湖水系（小计） | 33 | 92.28 | 96.37 | 4.09 | 94.71 | 243 | 21.42 | 20.77 | −0.65 | 24.92 |
| | 长江干流城陵矶至湖口右岸区 | 0 | 0 | 0 | 0 | 0 | 3 | 0.20 | 0.18 | −0.02 | 0.21 |
| | 长江干流湖口以下右岸区 | 0 | 0 | 0 | 0 | 0 | 4 | 0.29 | 0.37 | 0.08 | 0.37 |
| | 洞庭湖水系 | 0 | 0 | 0 | 0 | 0 | 5 | 0.25 | 0.24 | 0.00 | 0.32 |
| | 长江流域（小计） | 33 | 92.28 | 96.37 | 4.09 | 94.71 | 255 | 22.15 | 21.56 | −0.60 | 25.81 |
| 东南诸河 | 钱塘江 | 0 | 0 | 0 | 0 | 0 | 0 | 0 | 0 | 0 | 0 |
| 珠江流域 | 北江 | 0 | 0 | 0 | 0 | 0 | 0 | 0 | 0 | 0 | 0 |
| | 东江 | 0 | 0 | 0 | 0 | 0 | 7 | 1.06 | 0.97 | −0.09 | 1.06 |
| | 韩江及粤东诸河 | 0 | 0 | 0 | 0 | 0 | 0 | 0 | 0 | 0 | 0 |
| | 珠江流域（小计） | 0 | 0 | 0 | 0 | 0 | 7 | 1.06 | 0.97 | −0.09 | 1.06 |
| 全　省 | | 33 | 92.28 | 96.37 | 4.09 | 94.71 | 262 | 23.21 | 22.53 | −0.68 | 26.88 |

注　1.水库座数以水库下闸蓄水为标准统计。

2.年均蓄水量采用各月月末蓄水量的均值。

3.蓄水变量＝年末蓄水总量－年初蓄水总量。

4.增加了两座中型水库：萍乡市莲花县寒山水库、赣州市信丰县五洋水电站。

# 四、水资源开发利用

## （一）供水量

2021 年江西省供水总量为 249.36 亿 m³，占全年水资源总量的 17.6%。其中，地表水源供水量为 241.90 亿 m³，地下水源供水量为 4.95 亿 m³，其他水源供水量为 2.51 亿 m³。2021 年江西省行政分区供水量见表 9，2021 年江西省水资源分区供水量见表 10。与 2020 年比较，江西省供水总量增加 5.24 亿 m³，其中，地表水源供水量增加 6.06 亿 m³，地下水源供水量减少 1.07 亿 m³，其他水源供水量增加 0.25 亿 m³。在地表水源供水量中，蓄水工程供水量为 118.78 亿 m³，占 49.1%；引水工程供水量为 48.12 亿 m³，占 19.9%；提水工程供水量为 74.61 亿 m³，占 30.8%；调水工程供水量为 0.38 亿 m³，占 0.2%。2021 年江西省行政分区供水量组成见图 9，2021 年江西省水资源分区供水量组成见图 10。

表 9　2021 年江西省行政分区供水量　　　　　　单位：亿 m³

| 行政分区 | 地表水源供水量 | | | | | 地下水源供水量 | 其他水源供水量 | 供水总量 |
|---|---|---|---|---|---|---|---|---|
| | 蓄水 | 引水 | 提水 | 调水 | 小计 | | | |
| 南昌市 | 5.19 | 15.86 | 9.80 | 0 | 30.85 | 0.95 | 0.14 | 31.94 |
| 景德镇市 | 4.82 | 0.71 | 2.19 | 0 | 7.73 | 0.05 | 0.04 | 7.81 |
| 萍乡市 | 2.41 | 2.83 | 0.89 | 0.38 | 6.51 | 0.16 | 0.13 | 6.80 |
| 九江市 | 11.05 | 1.62 | 10.28 | 0 | 22.95 | 0.19 | 0.08 | 23.23 |
| 新余市 | 4.71 | 1.76 | 1.10 | 0 | 7.57 | 0.22 | 0.08 | 7.87 |
| 鹰潭市 | 1.94 | 1.38 | 2.82 | 0 | 6.14 | 0.21 | 0.09 | 6.43 |
| 赣州市 | 18.47 | 7.02 | 6.18 | 0 | 31.67 | 1.19 | 1.11 | 33.96 |
| 吉安市 | 21.32 | 3.83 | 6.14 | 0 | 31.30 | 0.13 | 0.10 | 31.54 |
| 宜春市 | 24.31 | 2.77 | 19.29 | 0 | 46.37 | 0.70 | 0.09 | 47.16 |
| 抚州市 | 9.08 | 5.76 | 7.27 | 0 | 22.11 | 0.26 | 0.55 | 22.92 |
| 上饶市 | 15.48 | 4.59 | 8.64 | 0 | 28.71 | 0.89 | 0.11 | 29.70 |
| 全　省 | 118.78 | 48.12 | 74.61 | 0.38 | 241.90 | 4.95 | 2.51 | 249.36 |

表 10  2021 年江西省水资源分区供水量　　单位：亿 m³

| 水资源分区 | | 地表水源供水量 | | | | | 地下水源供水量 | 其他水源供水量 | 供水总量 |
|---|---|---|---|---|---|---|---|---|---|
| | | 蓄水 | 引水 | 提水 | 调水 | 小计 | | | |
| 长江流域 | 赣江上游（栋背以上） | 19.73 | 6.68 | 6.03 | 0 | 32.43 | 1.15 | 0.81 | 34.40 |
| | 赣江中游（栋背至峡江） | 17.63 | 3.67 | 5.96 | 0 | 27.25 | 0.18 | 0.08 | 27.51 |
| | 赣江下游（峡江至外洲） | 27.19 | 5.45 | 17.13 | 0 | 49.77 | 0.80 | 0.19 | 50.76 |
| | 赣江（小计） | 64.54 | 15.80 | 29.12 | 0 | 109.46 | 2.13 | 1.08 | 112.66 |
| | 抚河（李家渡以上） | 7.66 | 5.25 | 6.83 | 0 | 19.74 | 0.23 | 0.53 | 20.50 |
| | 信江（梅港以上） | 9.70 | 3.98 | 5.71 | 0 | 19.39 | 0.61 | 0.17 | 20.17 |
| | 饶河（石镇街、古县渡以上） | 8.23 | 1.50 | 4.09 | 0 | 13.82 | 0.29 | 0.08 | 14.19 |
| | 修水（永修以上） | 7.93 | 1.97 | 2.27 | 0 | 12.17 | 0.17 | 0.05 | 12.39 |
| | 鄱阳湖环湖区 | 15.68 | 16.06 | 18.72 | 0 | 50.46 | 1.30 | 0.17 | 51.93 |
| | 鄱阳湖水系（小计） | 113.74 | 44.56 | 66.74 | 0 | 225.04 | 4.73 | 2.07 | 231.84 |
| | 长江干流城陵矶至湖口右岸区 | 1.26 | 0.26 | 6.06 | 0 | 7.58 | 0.05 | 0.01 | 7.64 |
| | 长江干流湖口以下右岸区 | 1.05 | 0.30 | 0.68 | 0 | 2.04 | 0.01 | 0.02 | 2.07 |
| | 洞庭湖水系 | 1.56 | 2.15 | 0.86 | 0.38 | 4.95 | 0.13 | 0.10 | 5.19 |
| | 长江流域（小计） | 117.62 | 47.28 | 74.34 | 0.38 | 239.61 | 4.92 | 2.20 | 246.74 |
| 东南诸河 | 钱塘江 | 0 | 0 | 0.08 | 0 | 0.08 | 0 | 0 | 0.08 |
| 珠江流域 | 北　江 | 0.02 | 0 | 0 | 0 | 0.03 | 0 | 0 | 0.03 |
| | 东　江 | 1.13 | 0.82 | 0.19 | 0 | 2.14 | 0.03 | 0.30 | 2.47 |
| | 韩江及粤东诸河 | 0.01 | 0.02 | 0.01 | 0 | 0.04 | 0 | 0.01 | 0.05 |
| | 珠江流域（小计） | 1.16 | 0.84 | 0.20 | 0 | 2.20 | 0.03 | 0.31 | 2.55 |
| 全　省 | | 118.78 | 48.12 | 74.61 | 0.38 | 241.90 | 4.95 | 2.51 | 249.36 |

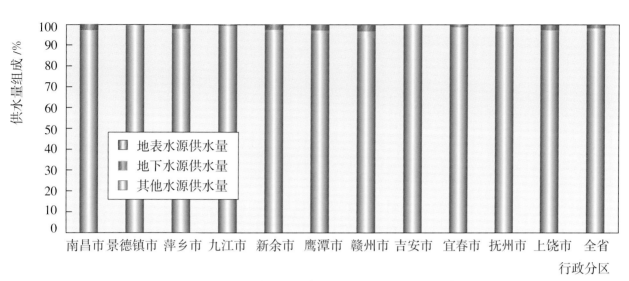

图 9　2021 年江西省行政分区供水量组成图

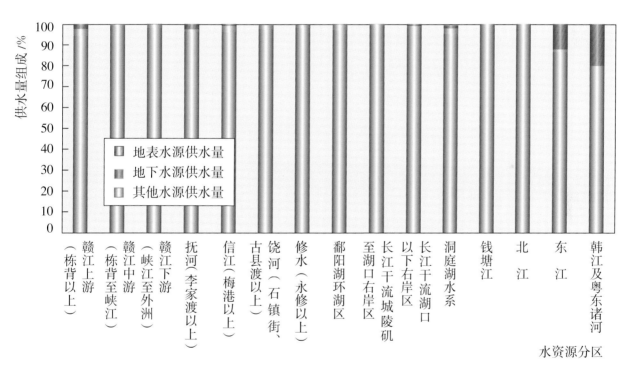

图 10　2021 年江西省水资源分区供水量组成图

## （二）用水量

2021 年江西省用水总量为 249.36 亿 m³，比 2020 年增加 5.24 亿 m³。2021 年江西省行政分区用水量见表 11，2021 年江西省水资源分区用水量见表 12，2021 年江西省用水量组成与 2020 年对比见图 11，2021 年江西省行政分区用水量与 2020 年对比见图 12。

表 11　2021 年江西省行政分区用水量　　　　　单位：亿 m³

| 行政分区 | 农业用水量 | 工业用水量 | 城镇公共用水量 | 居民生活用水量 | 人工生态环境补水量 | 用水总量 | 地下水用水量 |
|---|---|---|---|---|---|---|---|
| 南昌市 | 17.98 | 6.17 | 1.72 | 3.45 | 2.62 | 31.94 | 0.95 |
| 景德镇市 | 4.95 | 1.59 | 0.39 | 0.81 | 0.06 | 7.81 | 0.05 |
| 萍乡市 | 3.73 | 1.64 | 0.34 | 0.94 | 0.15 | 6.80 | 0.16 |
| 九江市 | 13.30 | 6.92 | 0.64 | 2.15 | 0.22 | 23.23 | 0.19 |
| 新余市 | 4.78 | 2.17 | 0.18 | 0.63 | 0.11 | 7.87 | 0.22 |
| 鹰潭市 | 4.47 | 1.05 | 0.27 | 0.55 | 0.09 | 6.43 | 0.21 |
| 赣州市 | 26.09 | 2.29 | 1.13 | 4.11 | 0.34 | 33.96 | 1.19 |
| 吉安市 | 24.30 | 4.62 | 0.56 | 1.91 | 0.15 | 31.54 | 0.13 |
| 宜春市 | 25.39 | 18.60 | 0.70 | 2.25 | 0.21 | 47.16 | 0.70 |
| 抚州市 | 19.09 | 1.48 | 0.61 | 1.56 | 0.19 | 22.92 | 0.26 |
| 上饶市 | 23.27 | 2.16 | 0.81 | 3.05 | 0.41 | 29.70 | 0.89 |
| 全　省 | 167.35 | 48.69 | 7.35 | 21.42 | 4.55 | 249.36 | 4.95 |

表 12　2021 年江西省水资源分区用水量　　　　　单位：亿 m³

| 水资源分区 | | 农业用水量 | 工业用水量 | 城镇公共用水量 | 居民生活用水量 | 人工生态环境补水量 | 用水总量 | 地下水用水量 |
|---|---|---|---|---|---|---|---|---|
| 长江流域 | 赣江上游（栋背以上） | 26.44 | 2.40 | 1.14 | 4.09 | 0.33 | 34.40 | 1.15 |
| | 赣江中游（栋背至峡江） | 20.75 | 4.38 | 0.50 | 1.72 | 0.16 | 27.51 | 0.18 |
| | 赣江下游（峡江至外洲） | 26.54 | 20.49 | 0.81 | 2.62 | 0.29 | 50.76 | 0.80 |
| | 赣江（小计） | 73.73 | 27.27 | 2.45 | 8.43 | 0.78 | 112.66 | 2.13 |
| | 抚河（李家渡以上） | 17.04 | 1.36 | 0.55 | 1.41 | 0.14 | 20.50 | 0.23 |
| | 信江（梅港以上） | 14.51 | 2.22 | 0.80 | 2.29 | 0.35 | 20.17 | 0.61 |
| | 饶河（石镇街、古县渡以上） | 9.81 | 2.34 | 0.54 | 1.32 | 0.16 | 14.19 | 0.29 |
| | 修水（永修以上） | 10.16 | 0.92 | 0.26 | 0.94 | 0.10 | 12.39 | 0.17 |

| 水资源分区 | | 农业用水量 | 工业用水量 | 城镇公共用水量 | 居民生活用水量 | 人工生态环境补水量 | 用水总量 | 地下水用水量 |
|---|---|---|---|---|---|---|---|---|
| 长江流域 | 鄱阳湖环湖区 | 34.26 | 7.69 | 2.08 | 5.15 | 2.76 | 51.93 | 1.30 |
| | 鄱阳湖水系（小计） | 159.51 | 41.80 | 6.68 | 19.55 | 4.30 | 231.84 | 4.73 |
| | 长江干流城陵矶至湖口右岸区 | 1.80 | 4.69 | 0.31 | 0.73 | 0.11 | 7.64 | 0.05 |
| | 长江干流湖口以下右岸区 | 1.13 | 0.78 | 0.03 | 0.12 | 0.01 | 2.07 | 0.01 |
| | 洞庭湖水系 | 2.68 | 1.34 | 0.28 | 0.77 | 0.12 | 5.19 | 0.13 |
| | 长江流域（小计） | 165.12 | 48.62 | 7.30 | 21.17 | 4.53 | 246.74 | 4.92 |
| 东南诸河 | 钱塘江 | 0.07 | 0 | 0 | 0.01 | 0 | 0.08 | 0 |
| 珠江流域 | 北江 | 0.03 | 0 | 0 | 0 | 0 | 0.03 | 0 |
| | 东江 | 2.09 | 0.07 | 0.05 | 0.23 | 0.02 | 2.47 | 0.03 |
| | 韩江及粤东诸河 | 0.04 | 0 | 0 | 0 | 0 | 0.05 | 0 |
| | 珠江流域（小计） | 2.16 | 0.08 | 0.05 | 0.24 | 0.02 | 2.55 | 0.03 |
| 全省 | | 167.35 | 48.69 | 7.35 | 21.42 | 4.55 | 249.36 | 4.95 |

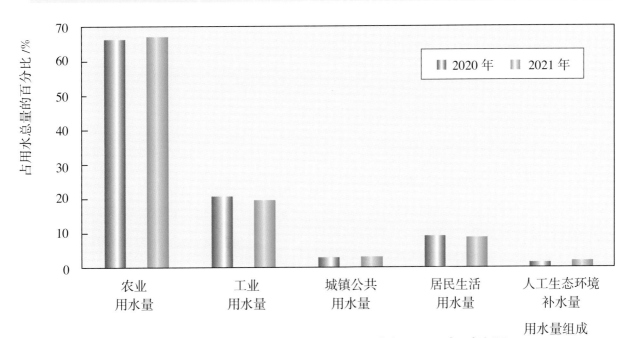

图 11　2021 年江西省用水量组成与 2020 年对比图

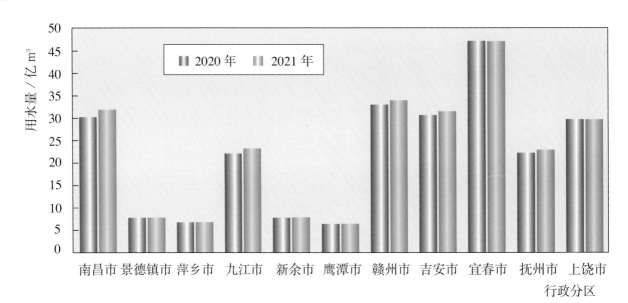

图 12  2021 年江西省行政分区用水量与 2020 年对比图

2021 年江西省用水量具体如下：

（1）农业用水量为 167.35 亿 m³，与 2020 年比较增加 5.50 亿 m³，其中，农业用水量增加是由于 2021 年降水量较 2020 年减少 14.3%。

（2）工业用水量为 48.69 亿 m³，与 2020 年比较减少 1.68 亿 m³。其中，火电工业用水量为 24.74 亿 m³，较 2020 年增加 1.15 亿 m³；非火电工业用水量为 23.95 亿 m³，较 2020 年减少 2.83 亿 m³。

（3）城镇公共用水量为 7.34 亿 m³，与 2020 年比较增加 0.51 亿 m³。

（4）居民生活用水量为 21.42 亿 m³，与 2020 年比较减少 0.50 亿 m³。其中，城镇居民生活用水量为 15.10 亿 m³，农村居民生活用水量为 6.32 亿 m³。

（5）人工生态环境补水量为 4.55 亿 m³，与 2020 年比较增加 1.40 亿 m³，其中河湖补水增加 1.39 亿 m³。

## （三）耗水量

2021 年江西省耗水总量为 116.86 亿 m³，与 2020 年比较增加 3.16 亿 m³，耗水率为 46.9%。在耗水总量中，农业耗水量为 92.11 亿 m³，占耗水总量的 78.8%，耗水率为 55.0%；工业耗水量为 11.21 亿 m³，占耗水总量的 9.6%，耗水率为 23.0%；城镇公共耗水量为 2.96 亿 m³，占耗水总量的 2.5%，耗水率为 40.3%；居民生活耗水量为 8.42 亿 m³，占耗水总量的 7.2%，耗水率为 39.3%；人工生态环境耗水量为 2.16 亿 m³，占耗水总量的 1.9%，耗水率为 47.5%。2021 年江西省分行业耗水量及耗水率见表 13，2021 年江西省行政分区耗水量及耗水率见表 14，2021 年江西省行政分区耗水率见图 13。

表 13    2021 年江西省分行业耗水量及耗水率

| 行业类别 | 耗水量 / 亿 m³ | 占耗水总量比例 /% | 耗水率 /% |
|---|---|---|---|
| 农业 | 92.11 | 78.8 | 55.0 |
| 工业 | 11.21 | 9.6 | 23.0 |
| 城镇公共 | 2.96 | 2.5 | 40.3 |
| 居民生活 | 8.42 | 7.2 | 39.3 |
| 人工生态环境 | 2.16 | 1.9 | 47.5 |

表 14    2021 年江西省行政分区耗水量及耗水率

| 行政分区 | 耗水量 / 亿 m³ | 耗水率 /% |
|---|---|---|
| 南昌市 | 14.70 | 46.0 |
| 景德镇市 | 3.74 | 47.9 |
| 萍乡市 | 3.30 | 48.5 |
| 九江市 | 10.24 | 44.1 |
| 新余市 | 3.87 | 49.2 |
| 鹰潭市 | 3.25 | 50.5 |
| 赣州市 | 18.78 | 55.3 |
| 吉安市 | 14.81 | 47.0 |
| 宜春市 | 16.72 | 35.4 |
| 抚州市 | 12.21 | 53.3 |
| 上饶市 | 15.24 | 51.3 |
| 全 省 | 116.86 | 46.9 |

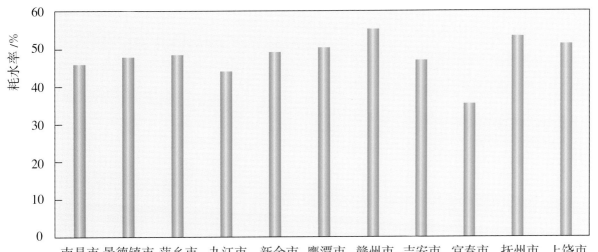

图 13    2021 年江西省行政分区耗水率

## （四）用水指标

2021 年江西省人均综合用水量为 552m³，万元国内生产总值（当年价）用水量为 84m³，万元工业增加值（当年价）用水量为 45m³，耕地实际灌溉亩均用水量为 611m³，农田灌溉水有效利用系数为 0.520，林地灌溉亩均用水量为 175m³，园地灌溉亩均用水量为 187m³，鱼塘补水亩均用水量为 262m³，城镇人均生活用水量（含公共用水）为 222L/d，农村居民人均生活用水量为 99L/d。近七年，全省万元国内生产总值用水量、万元工业增加值用水量呈下降趋势，耕地实际灌溉亩均用水量受降水量总体减少影响呈上升趋势，2021 年人均用水量呈上升趋势，近七年江西省主要用水指标的变化趋势见图 14。

受人口密度、经济结构、作物组成、节水水平、气候因素和水资源条件等多种因素的影响，全省各行政区用水指标值差别较大，2021 年江西省行政分区主要用水指标见表 15。

表 15　2021 年江西省行政分区主要用水指标

| 行政分区 | 人均水资源量 /m³ | 人均综合用水量 /m³ | 万元国内生产总值用水量 /m³ | 万元工业增加值用水量 /m³ | 耕地实际灌溉亩均用水量 /m³ | 人均生活用水量 /（L/d） | | |
|---|---|---|---|---|---|---|---|---|
| | | | | | | 城镇生活 | 城镇居民 | 农村居民 |
| 南昌市 | 1296 | 496 | 48 | 27 | 646 | 254 | 161 | 96 |
| 景德镇市 | 4150 | 482 | 71 | 37 | 657 | 259 | 159 | 95 |
| 萍乡市 | 2037 | 377 | 61 | 38 | 625 | 236 | 162 | 101 |
| 九江市 | 3548 | 509 | 62 | 43 | 542 | 209 | 147 | 100 |
| 新余市 | 2367 | 655 | 68 | 48 | 614 | 202 | 149 | 98 |
| 鹰潭市 | 3535 | 557 | 56 | 20 | 594 | 206 | 152 | 95 |
| 赣州市 | 2013 | 378 | 81 | 17 | 616 | 205 | 144 | 101 |
| 吉安市 | 3596 | 713 | 125 | 46 | 565 | 201 | 137 | 97 |
| 宜春市 | 3770 | 949 | 148 | 155 | 602 | 209 | 141 | 101 |
| 抚州市 | 4666 | 640 | 128 | 29 | 635 | 215 | 134 | 98 |
| 上饶市 | 4767 | 461 | 98 | 22 | 666 | 217 | 154 | 100 |
| 全　省 | 3143 | 552 | 84 | 45 | 611 | 222 | 149 | 99 |

注　1. 万元国内生产总值用水量和万元工业增加值用水量指标按当年价格计算。
　　2. 人口数字为常住人口数。
　　3. 人均水资源量为当年当地水资源总量（不含过境水量）除以常住人口数。
　　4. 本表中"人均生活用水量"中"城镇生活"包括居民家庭生活用水和公共用水（含第三产业及建筑业等用水），"居民"仅包括居民家庭生活用水。

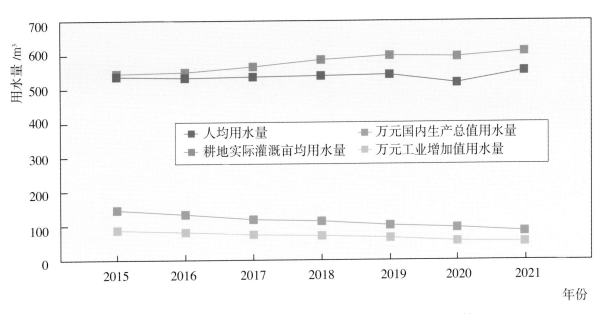

图 14  近七年江西省主要用水指标的变化趋势图

# 五、用水总量和用水效率控制指标执行情况

## （一）2021 年度控制指标

按照国家下达的 2021 年控制指标和考核规定的年度目标计算方法，2021 年度江西省用水总量和用水效率控制目标是：用水总量控制在 264.63 亿 m³ 以内，万元 GDP 用水量较 2020 年降低 4.0%，万元工业增加值用水量较 2020 年降低 3.0%，农田灌溉水有效利用系数达到 0.517。2021 年度江西省用水总量和用水效率控制指标执行情况良好，全省及各设区市的用水总量和用水效率均在控制范围内。

## （二）2021 年度控制指标完成情况

### 1. 用水总量

江西省用水总量为 249.36 亿 m³，按 1.5% 的耗水量折算 2000 年以后投产的直流冷却火电用水量，折减河湖补水用水量后，用水总量为 224.93 亿 m³。2021 年江西省行政分区用水总量控制指标完成情况见表 16。

### 2. 用水效率

（1）江西省万元 GDP 用水量（可比价）较 2020 年降低 6.4%，年度控制指标为 4.0%。2021 年江西省行政分区万元 GDP 用水量控制指标完成情况见表 17。

（2）江西省万元工业增加值用水量（可比价）较 2020 年降低 11.2%，年度控制指标为 3.0%。2021 年江西省行政分区万元工业增加值用水量控制指标完成情况见表 18。

（3）江西省农田灌溉水有效利用系数为 0.520，年度控制指标为 0.517。2021 年江西省行政分区农田灌溉水有效利用系数控制指标完成情况见表 19。

表 16  2021 年江西省行政分区用水总量控制指标完成情况　　　　单位：亿 m³

| 行政分区 | 2021 年用水总量 | 折减的河湖补水用水量 | 折减的直流冷却火电用水量 | 折算后的2021 年用水总量 | 2030 年控制指标 |
|---|---|---|---|---|---|
| 南昌市 | 31.94 | 1.81 | 0 | 30.13 | 33.60 |
| 景德镇 | 7.81 | 0 | 0.11 | 7.70 | 9.44 |
| 萍乡市 | 6.80 | 0 | 0.04 | 6.76 | 9.10 |
| 九江市 | 23.23 | 0.02 | 3.89 | 19.32 | 24.00 |
| 新余市 | 7.87 | 0 | 0.23 | 7.64 | 8.24 |
| 鹰潭市 | 6.43 | 0 | 0 | 6.43 | 10.00 |
| 赣州市 | 33.96 | 0 | 0 | 33.96 | 36.10 |
| 吉安市 | 31.54 | 0 | 3.14 | 28.39 | 31.95 |
| 宜春市 | 47.16 | 0.03 | 15.12 | 32.00 | 36.90 |
| 抚州市 | 22.92 | 0.04 | 0 | 22.89 | 24.90 |
| 上饶市 | 29.70 | 0 | 0 | 29.70 | 34.40 |
| 全　省 | 249.36 | 1.90 | 22.53 | 224.93 | 264.63 |

表 17  2021 年江西省行政分区万元 GDP 用水量控制指标完成情况

| 行政分区 | 2021 年万元GDP 用水量（可比价）/m³ | 较 2020 年下降率（可比价）/% | 2021 年控制指标/% |
|---|---|---|---|
| 南昌市 | 50.8 | 3.6 | > 0 |
| 景德镇 | 75.2 | 7.7 | > 0 |
| 萍乡市 | 65.2 | 7.3 | > 0 |
| 九江市 | 66.0 | 2.9 | > 0 |
| 新余市 | 72.4 | 7.2 | > 0 |
| 鹰潭市 | 59.8 | 8.0 | > 0 |
| 赣州市 | 85.1 | 6.1 | > 0 |
| 吉安市 | 132.1 | 7.0 | > 0 |
| 宜春市 | 155.6 | 8.0 | > 0 |
| 抚州市 | 133.9 | 5.4 | > 0 |
| 上饶市 | 103.0 | 8.9 | > 0 |
| 全　省 | 88.9 | 6.4 | 4.0 |

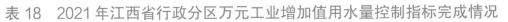
表 18  2021 年江西省行政分区万元工业增加值用水量控制指标完成情况

| 行政分区 | 2021 年万元工业增加值用水量（可比价）/m³ | 较 2020 年下降（可比价）/% | 2021 年控制指标/% |
|---|---|---|---|
| 南昌市 | 29.8 | 16.3 | > 0 |
| 景德镇 | 40.3 | 15.3 | > 0 |
| 萍乡市 | 42.4 | 13.9 | > 0 |
| 九江市 | 47.3 | 7.3 | > 0 |
| 新余市 | 53.2 | 6.75 | > 0 |
| 鹰潭市 | 21.9 | 15.7 | > 0 |
| 赣州市 | 18.3 | 18.4 | > 0 |
| 吉安市 | 50.7 | 13.7 | > 0 |
| 宜春市 | 171.0 | 8.1 | > 0 |
| 抚州市 | 32.2 | 21.4 | > 0 |
| 上饶市 | 24.5 | 18.4 | > 0 |
| 全　省 | 49.7 | 11.2 | 3.0 |

表 19  2021 年江西省行政分区农田灌溉水有效利用系数控制指标完成情况

| 行政分区 | 2021 年农田灌溉水有效利用系数 | 2021 年控制指标 |
|---|---|---|
| 南昌市 | 0.517 | — |
| 景德镇 | 0.515 | — |
| 萍乡市 | 0.520 | — |
| 九江市 | 0.531 | — |
| 新余市 | 0.515 | — |
| 鹰潭市 | 0.512 | — |
| 赣州市 | 0.520 | — |
| 吉安市 | 0.521 | — |
| 宜春市 | 0.514 | — |
| 抚州市 | 0.523 | — |
| 上饶市 | 0.516 | — |
| 全　省 | 0.520 | 0.517 |

# 六、重要水事

## （一）江西省再获国家实行最严格水资源管理制度考核优秀

江西省在 2021 年度国家最严格水资源管理制度考核中位列全国第 7 名。这是江西省连续第 4 个考核年度获得优秀，稳居全国第一方阵。

## （二）江西省水权水市场改革持续新突破

水权水市场连续 2 年列入江西省委全面深化改革委员会工作要点。江西省已通过国家平台和省级平台开展水权交易 30 宗，交易水量 2436 万 m³，交易金额 309 万元。其中，贵溪市水权交易单宗超百万元，"宜黄案例"作为全国首例水权交易平台上完成的工业用水户间水权交易被中国水利报刊登宣传。

## （三）多部门联动深入推进全省节水工作

组织召开全省节约用水工作协调推进小组暨水权水市场改革工作领导小组会议，强化部门联动，合力推进全省节水创建工作。建成 33 个国家级节水型社会建设达标县。全省水利行业具备独立物业管理条件的单位全部创建成水利行业节水型单位，6 家单位首次获得国家级"公共机构水效领跑者"荣誉称号，69 家企业获省级节水型企业称号，117 个小区获得省级节水型小区称号，全省各级累计创建节水载体 1.1 万家。江西省节水工作在全国水利系统节水工作会议上作典型发言。

## （四）《江西省推进新时代水生态文明建设五年行动计划（2021—2025 年）》发布实施

新"365 行动计划"坚持水生态文明建设统领江西水利高质量发展这条主线，确保"三大安全"、加强"六大管理"、提升"五大能力"。新时代水生态文明建设五年行动计划，对上一轮五年行动计划继承发展，对"十四五"水利高质量发展作出系统谋划。

## （五）编制完成《江西省节水型社会建设"十四五"规划》

江西省水利厅、省发展和改革委员会联合印发《江西省节水型社会建设"十四五"

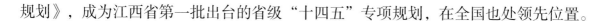

规划》，成为江西省第一批出台的省级"十四五"专项规划，在全国也处领先位置。

## （六）完成取水许可证电子化转换工作

连通水利部取水许可电子证照系统和省电子印章库系统，省、市、县三级新颁发取水许可证全部使用电子证照，完成全省取水许可存量证电子化转换工作，全省取水许可电子证照数量达 8042 套，全面实现电子化。将取水许可在线审批系统建设、国家取用水管理政务服务平台推广等统筹纳入省智慧水利建设内容，大力提升取用水管理信息化水平。

## （七）完成"国控"监测站点运维和入河排污口移交工作

在完成国家水资源监控能力建设项目和省水资源管理系统项目竣工验收的同时，将国家投资建设的 847 个取水监测站全部移交有关取水单位使用管理和运行维护，在全国率先实现"国控"监测站点监测对象、使用权限和运维责任的统一，有效保障监测站点正常运行，监测数据的到报率、及时率、完整率显著提升。落实 2018 年机构改革关于入河排污口设置管理职责调整的要求，持续推进入河排污口监测能力建设项目移交工作。经过多次沟通协调，就项目移交及接收方案与省生态环境厅达成一致意见，已根据生态环境部门需求建议，完成 14 个自动监测站的设备升级改造，具备验收移交条件。

## （八）深入实施河湖长制，8 个单位 25 人获表彰

江西省进一步压实河湖长责任、扎牢制度笼子、强化专项整治、深化系统治理，河湖长制工作成效明显，全省河湖生态面貌持续改善。2021 年，全省 8 个单位获全国"全面推行河长制湖长制工作先进集体"称号，14 人获全国"全面推行河长制湖长制工作先进工作者"称号，11 人获"全国优秀河（湖）长"称号。其中，萍乡市湘东区围绕萍水河开展流域生态综合治理，探索出"四定明责—统筹布局—不等不靠—乡村振兴"模式，建设造福人民群众的幸福河湖。宜春市靖安县创新河湖水域治理方式，河长警长联手五治（政治、法治、德治、自治、智治），建设幸福安澜靖安人家。

## （九）江西省首个省级节水型城市创建

2021 年 5 月，江西省住房和城乡建设厅、省发展和改革委员会、省水利厅、省工业和信息化厅对照《国家节水型城市考核标准》，联合对景德镇市组织验收考核。景德镇市 5 项基本条件、7 项基础管理指标和 13 项技术考核指标均取得明显成效，达到"江西省节水型城市"建设标准，成为江西省首个省级节水型城市。

## （十）启动江豚监测守护"微笑精灵"

创新开展鄱阳湖重点水域江豚智慧监测，在南昌市扬子洲、鄱阳湖星子站及棠荫站启用由中国科学院水生生物研究所研发的国内先进的自动声呐监测系统，实现实时在线监测，打造鄱阳湖水量、水质、水生态等立体化监测站网。采用新技术，对搁浅江豚开展基因测序，并与国家级团队联合，成功申报中国科学院STS重点科技项目"鄱阳湖水系濒危水生动物创新示范研究"，支撑提升全省珍稀水生野生动物的保护能力以及水生生态环境监测能力。

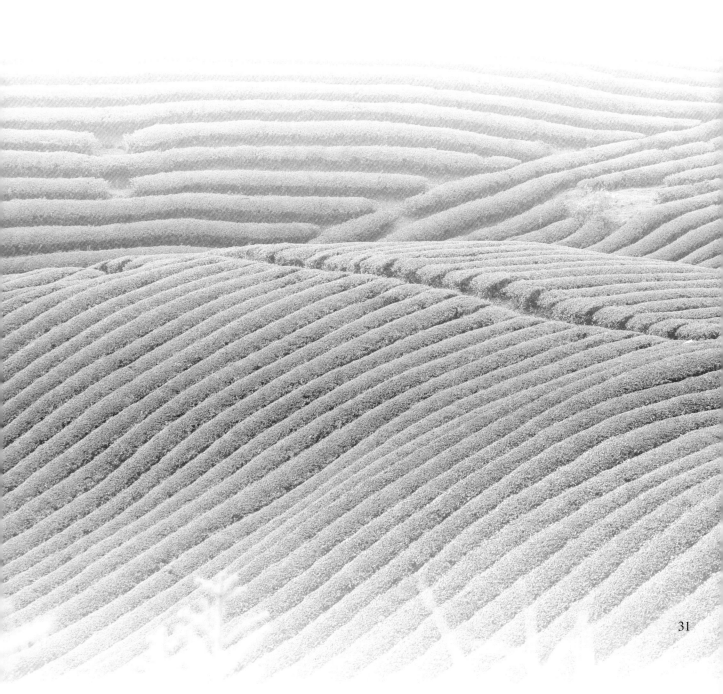

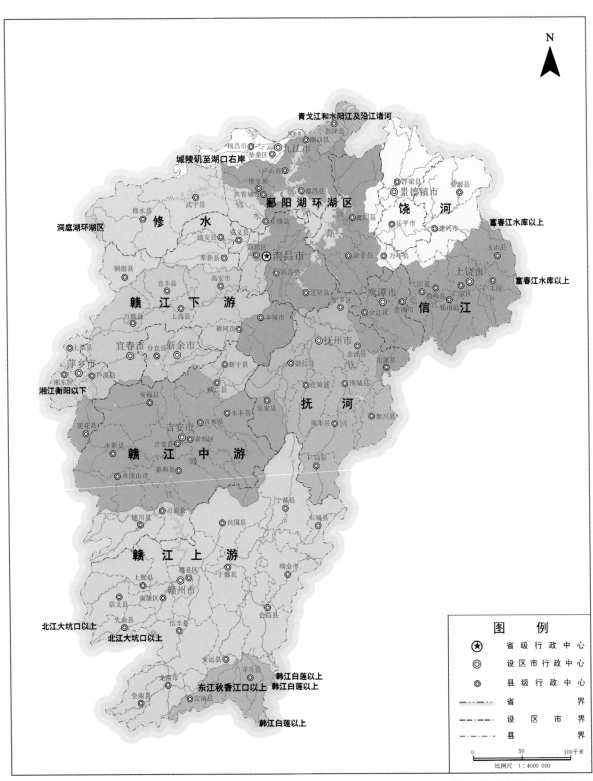

江西省水资源三级区示意图

## 《江西省水资源公报》编委会

主　　任：吴义泉

副主任：何长高　方少文

成　　员：郭泽杰　胡　伟　许盛丰　刘丽华　付　敏

　　　　　向爱农　邹　崴　胡建民　苏立群　谭　翼

　　　　　李小强　邢久生　高江林

## 《江西省水资源公报》编写单位

江西省水文监测中心

江西省灌溉试验中心站

江西省各流域水文水资源监测中心

## 《江西省水资源公报》编辑人员

主　　编：邢久生

副主编：喻中文　韦　丽

成　　员：殷国强　陈　芳　余　菁　吴　智　刘新潮

　　　　　仝兴庆　陈宗怡　周润根　唐晶晶　吴志坚

　　　　　吴剑英　王　会　刘　鹂　付燕芳　王时梅

　　　　　孙　璟　占　珊　代银萍　饶　伟　邓月萍